滴灌水肥一体化科普丛书

红枣滴灌水肥一体化栽培技术

丛书主编　尹飞虎
本书主编　陈奇凌

科学普及出版社
·北　京·

图书在版编目（CIP）数据

红枣滴灌水肥一体化栽培技术 / 尹飞虎主编.
—北京：科学普及出版社，2017.1
（滴灌水肥一体化科普丛书）
ISBN 978-7-110-09506-5

Ⅰ. ①红… Ⅱ. ①尹… Ⅲ. ①枣—地膜栽培—滴灌
Ⅳ. ① S665.107

中国版本图书馆 CIP 数据核字 (2016) 第 321974 号

策划编辑	苏　青
责任编辑	史若晗　李双北
插图提供	光景工作室
装帧设计	中文天地
责任校对	焦　宁
责任印制	李春利　马宇晨

出　　版	科学普及出版社
发　　行	中国科学技术出版社发行部
地　　址	北京市海淀区中关村南大街 16 号
邮　　编	100081
发行电话	010-62173865
传　　真	010-62179148
网　　址	http://www.cspbooks.com.cn

开　　本	889mm × 1194mm　1/24
字　　数	45 千字
印　　张	2.5
版　　次	2016 年 12 月第 1 版
印　　次	2016 年 12 月第 1 次印刷
印　　刷	北京正道印刷厂印刷
书　　号	ISBN 978-7-110-09506-5 / S · 570
定　　价	26.00 元

丛书编委会

本书编委会

主　编　陈奇凌

编　委　尹飞虎　郑强卿　王晶晶

前　言

滴灌技术是国际上公认的一种先进的精准灌溉技术。滴灌施肥是将肥料溶于水中并随滴灌系统施入田间的一种精准施肥技术。滴灌灌溉与滴灌施肥的有效结合，形成了滴灌水肥一体化技术。近年来，国家农业部门高度重视高效节水和水肥一体化技术，并将该技术列入国家农业发展规划的主推技术之一。

《滴灌水肥一体化科普丛书》是应农业部农垦局和广大农民、科技工作者及农业技术推广机构的要求，在新疆农垦科学院尹飞虎研究员主编的《滴灌——随水施肥技术理论与实践》著作的基础上，结合作者近期的科技成果编撰而成。丛书分为《小麦滴灌水肥一体化栽培技术》、《玉米滴灌水肥一体化栽培技术》、《棉花滴灌水肥一体化栽培技术》、《加工番茄滴灌水肥一体化栽培技术》、《红枣滴灌水肥一体化栽培技术》、《葡萄滴灌水肥一体化栽培技术》、《马铃薯滴灌水肥一体化栽培技术》、《设施番茄滴灌水肥一体化栽培技术》、《设施黄瓜滴灌水肥一体化栽培技术》、《滴灌水肥一体化田间作业机械》和《滴灌水肥一体化装备及运行》共 11 个分册，其内容包括滴灌的主要设备及管网配置、滴灌田间作业机械及产品配套、主要大田作物和部分设施作物的滴灌水肥一体化栽培技术等，图文并茂，便于读者理解和应用。

感谢国家科技部、国家农业部、中国科协、全国农业技术推广中心、新疆兵团组织部、新疆兵团科协等部门对丛书出版的支持；感谢李佩成院士、康绍忠院士对研究工作的指导；感谢参与本技术研究和推广的各位领导、同事为该技术的提升和应用所做的努力；感谢科学普及出版社第一时间约稿。期盼丛书的出版能为我国北方旱区、季节性缺水区域及设施农业种植区获取滴灌水肥一体化技术及相关知识发挥一定的作用。

丛书编委会

2016 年 12 月 30 日

红枣滴灌水肥一体化栽培技术讲座
大家好！今天给大家介绍“红枣滴灌水肥一体化栽培技术”。

高博士（水肥专家）

小秦和村民

滴灌技术

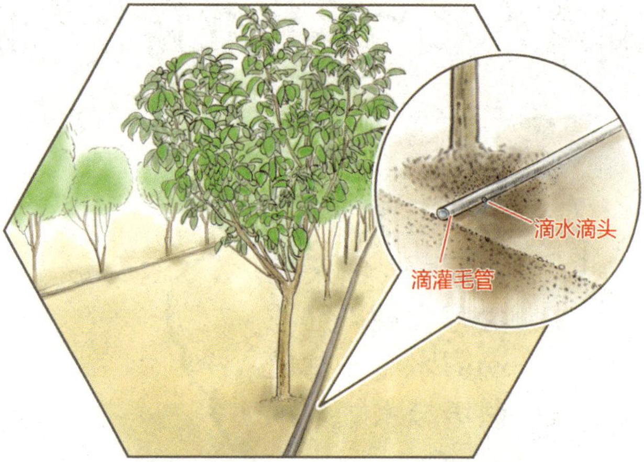
滴水滴头
滴灌毛管

高博士，啥叫滴灌水肥一体化？
简单地说，就是将灌水的毛管铺在地里，水和肥通过毛管上的滴头慢慢地滴到作物根部。

滴灌优点

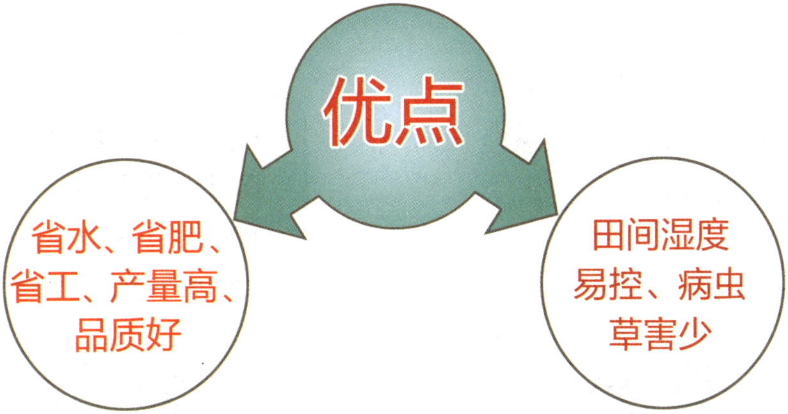

优点
省水、省肥、省工、产量高、品质好
田间湿度易控、病虫草害少

红枣用滴灌水肥一体化技术有啥好处？
一是省水、省肥、省工、产量高、品质好；二是田间湿度易控、病虫草害少。

滴灌设备

高博士，滴灌有哪些设备？
滴灌系统一般由水源、首部、控制阀、管网及滴头等部分组成。

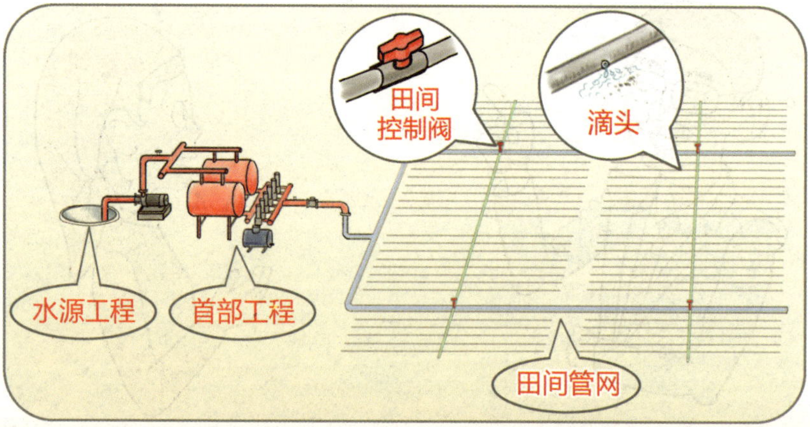
田间
控制阀
滴头
水源工程
首部工程
田间管网

这么复杂，安装起来很麻烦吧？
不麻烦。主要设备由技术人员负责安装，农户只负责铺地里的毛管。

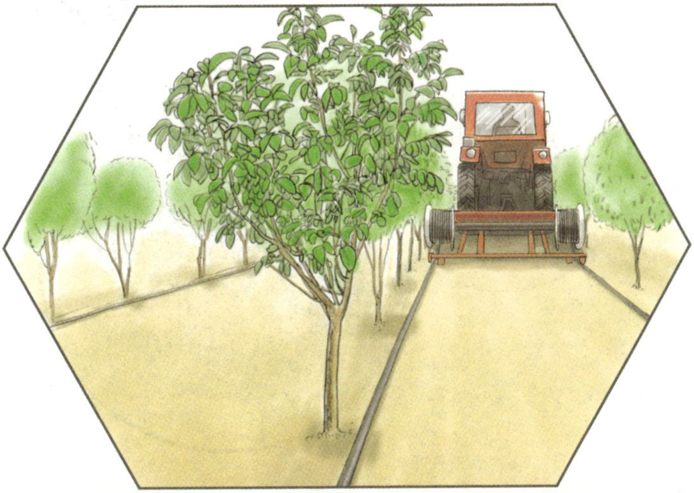

滴灌毛管选择

毛管怎么选择？
红枣每次灌水量较大，毛管的滴头流量应选大点的，一般在 3.2 ~ 4.0 升/小时。

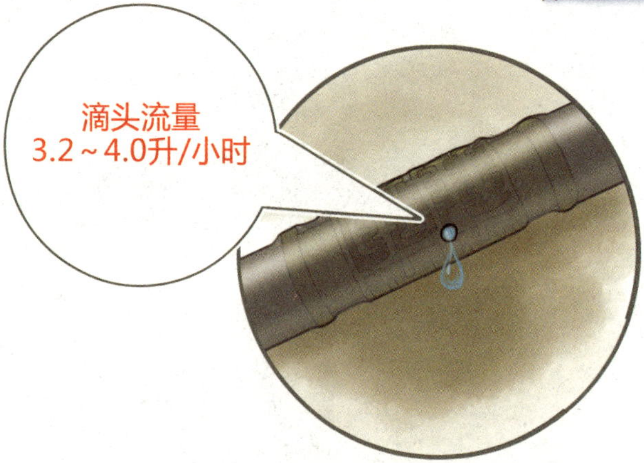
滴头流量
3.2～4.0升/小时

滴灌管网铺设

地面滴灌
地下滴灌

有两种铺法：一种是铺在地表的，称为地面滴灌；另一种是铺在地下的，叫地下滴灌。
毛管怎么铺？

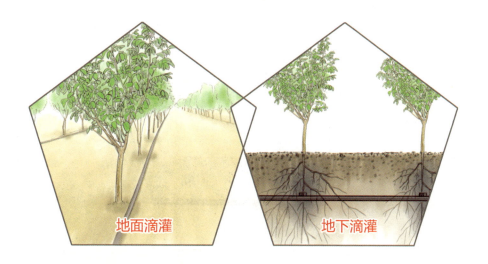

滴灌管网铺设

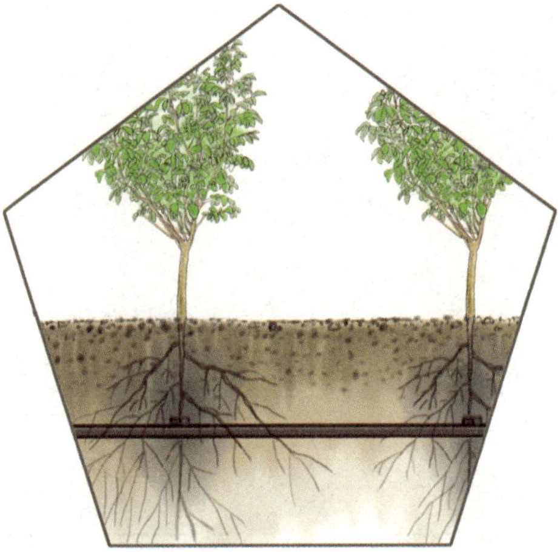

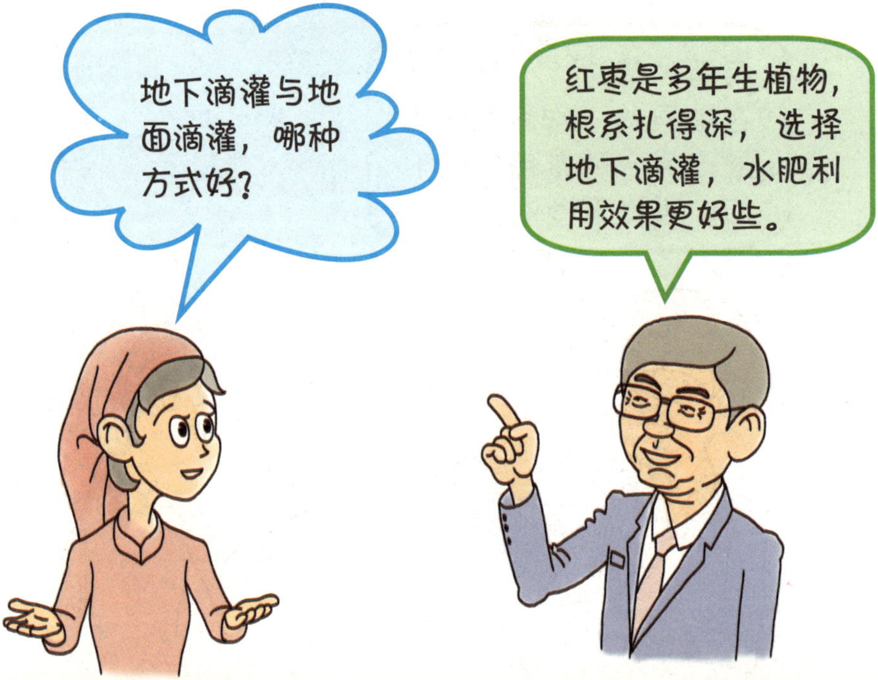

地下滴灌与地面滴灌，哪种方式好？
红枣是多年生植物，根系扎得深，选择地下滴灌，水肥利用效果更好些。

栽培模式

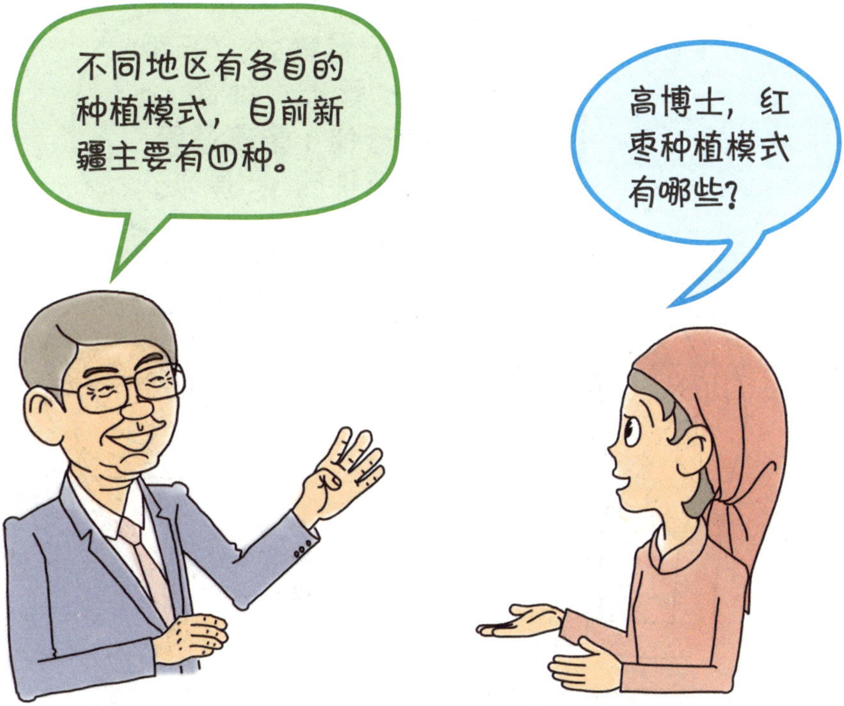
高博士，红枣种植模式有哪些？
不同地区有各自的种植模式，目前新疆主要有四种。

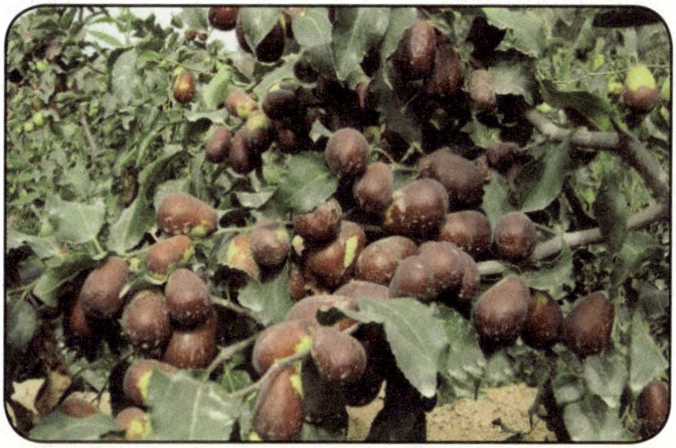

栽培模式

一是单行配置模式。行距150 ~ 200 厘米，株距 40 厘米；每行铺 1 条滴灌管，铺管距离植株约 15 厘米。
滴灌管
株距40厘米
15厘米
行距150~200厘米
15厘米

二是宽窄行配置模式。宽行距 150 厘米，窄行距 75 厘米，株距 40 厘米；滴灌管铺在窄行中间。

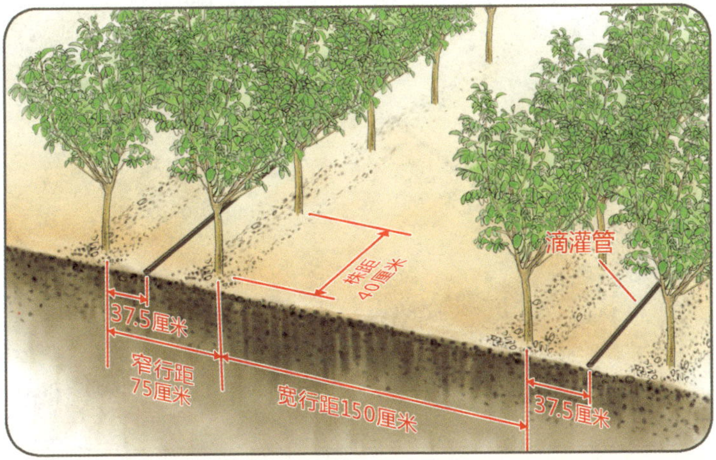
滴灌管
株距
40厘米
37.5厘米
窄行距
75厘米
宽行距150厘米
37.5厘米

栽培模式

三是间作套种打瓜模式。宽行距200厘米，株距40厘米，打瓜行间距30厘米；滴灌管铺在枣与打瓜行中间。

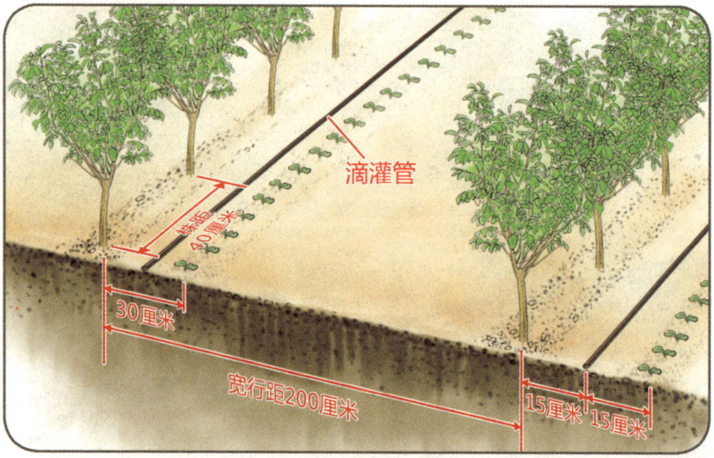
滴灌管
株距40厘米
30厘米
宽行距200厘米
15厘米
15厘米

滴灌管
株距40厘米
60厘米
行距300~400厘米
15厘米

㈣是间作套种棉花模式。枣树行距 300 ~ 400 厘米，株距 40 厘米，滴灌管铺在离枣树 15 厘米处；棉花行距 60 厘米，采用 1 行铺 1 根滴灌管的形式。

品种选择

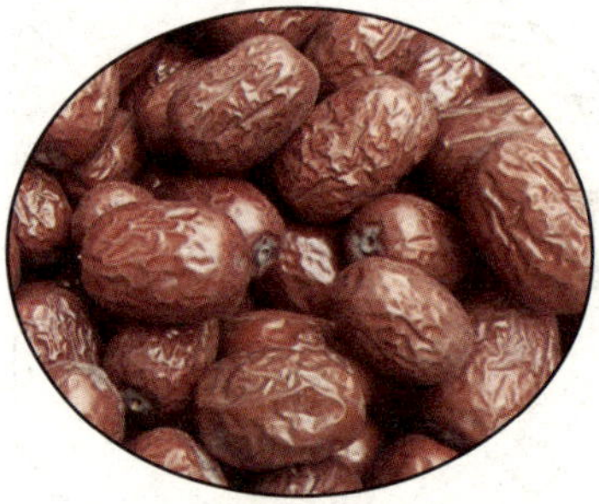

灰枣

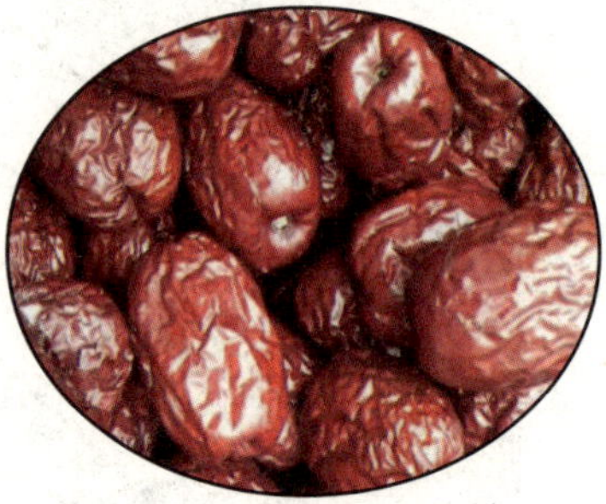

骏枣

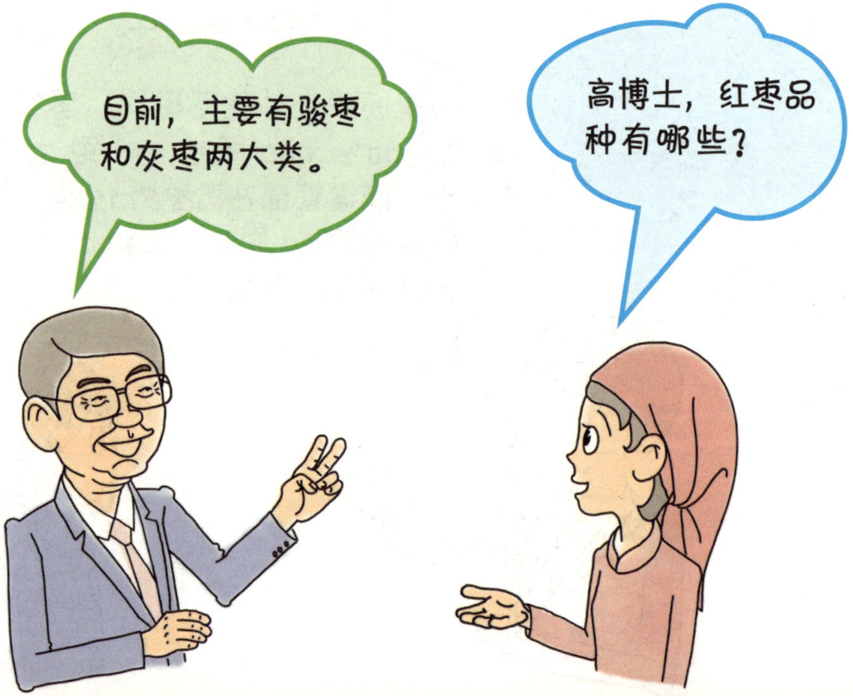
目前，主要有骏枣
和灰枣两大类。
高博士，红枣品
种有哪些？

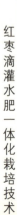

种植时间

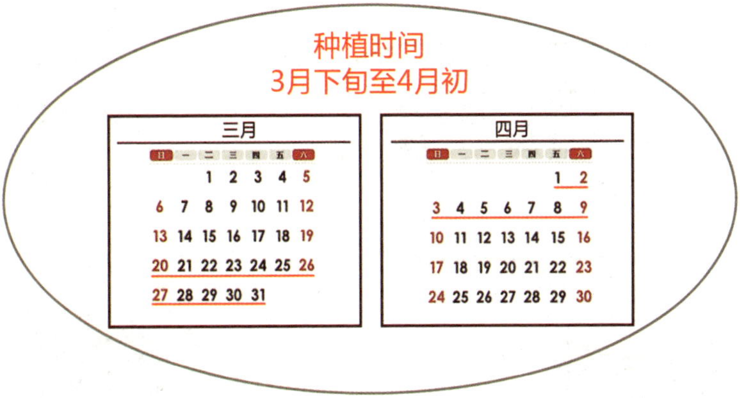
种植时间
3月下旬至4月初
三月
日 一 二 三 四 五 六
四月
日 一 二 三 四 五 六

那啥时候种植比较好？
在发芽前10天左右比较好，一般在3月下旬至4月初。

田间管理

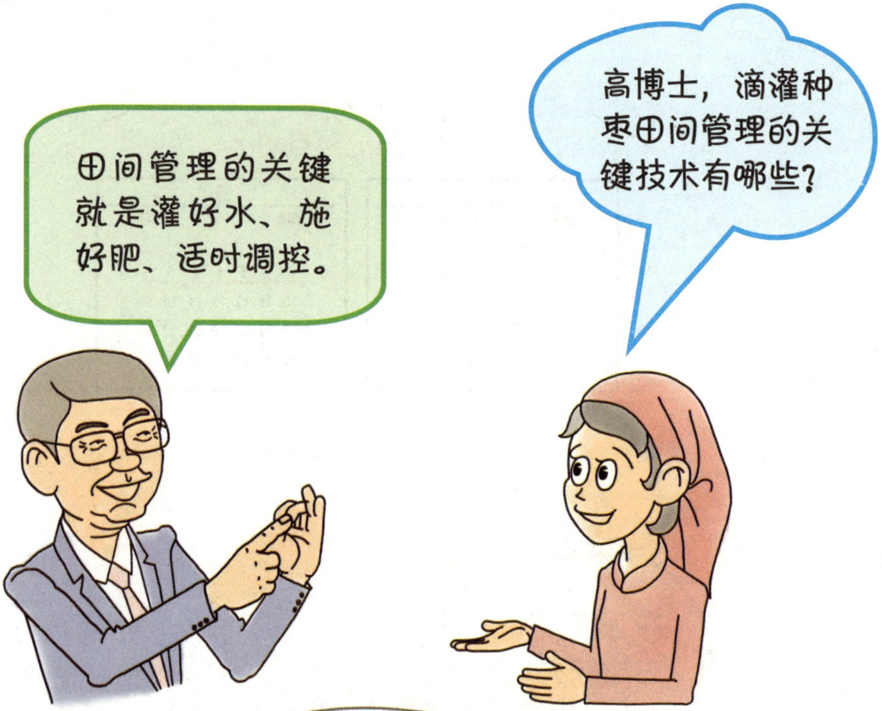
高博士，滴灌种枣田间管理的关键技术有哪些？
田间管理的关键就是灌好水、施好肥、适时调控。

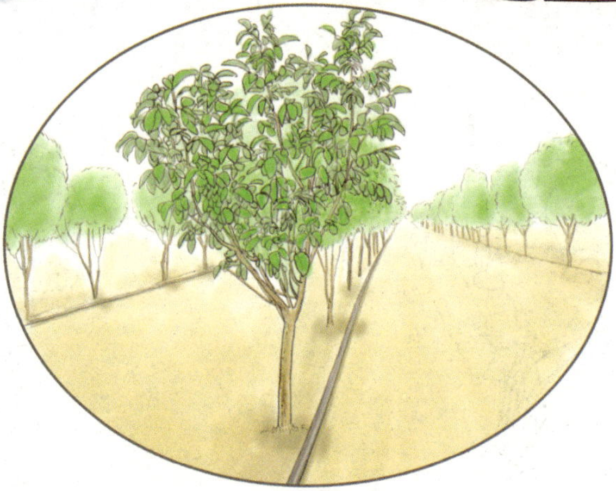

灌水管理

成龄树，一个生长季节每亩①总灌量420方②左右，按发育阶段分8～10次滴入，幼龄树可做适当调整。
那水怎么灌？

注：① 1亩≈667平方米。
② 方，此处为立方米的简称。

灌水管理

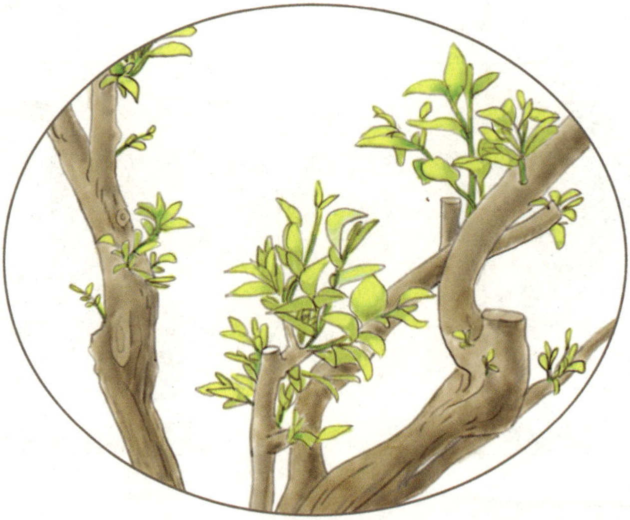

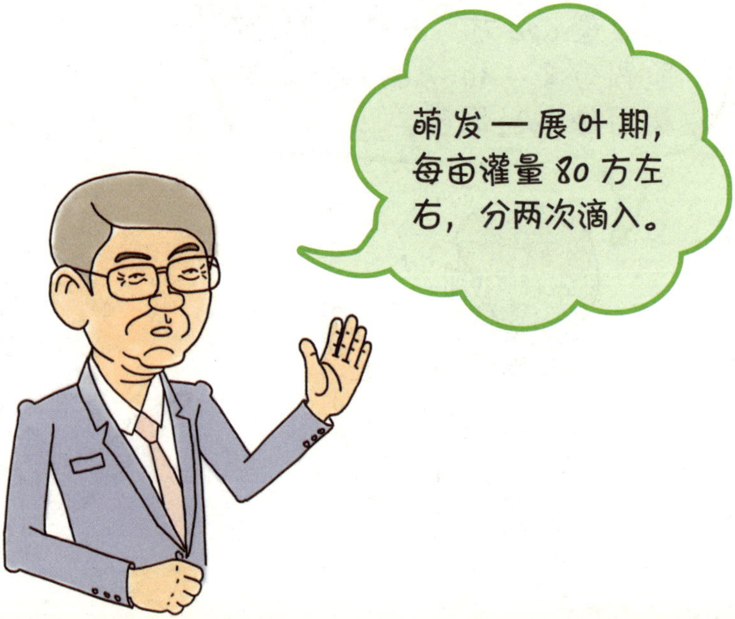
萌发一展叶期，
每亩灌量 80 方左
右，分两次滴入。

灌水管理

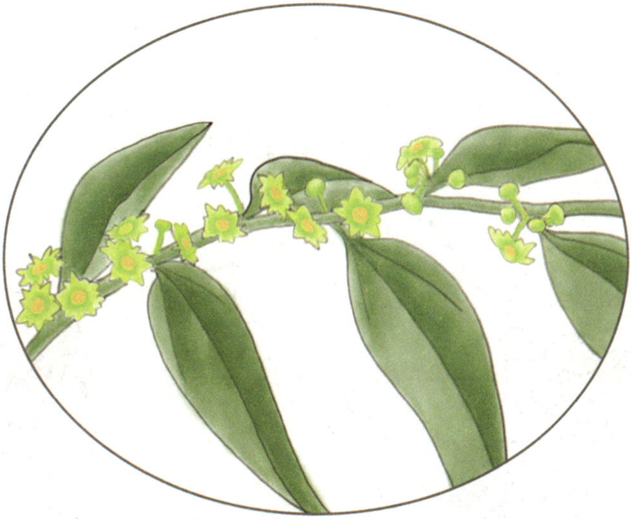

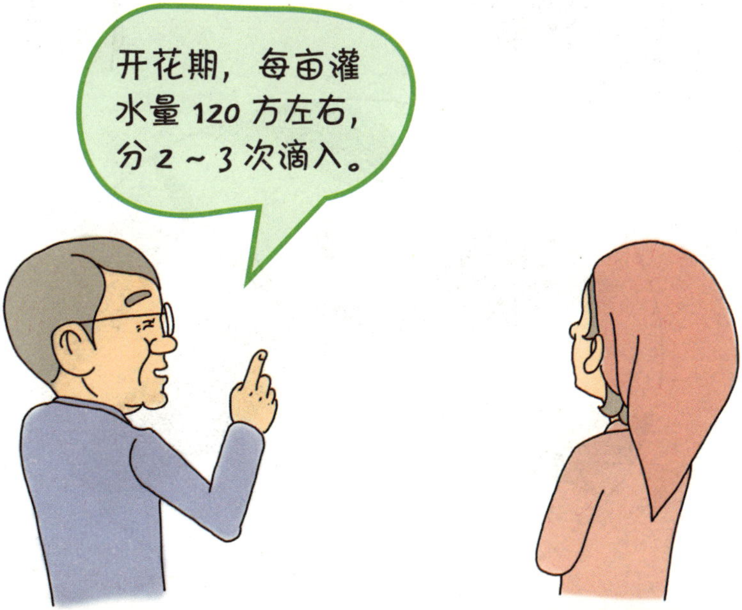
开花期，每亩灌水量 120 方左右，分 2～3 次滴入。

灌水管理

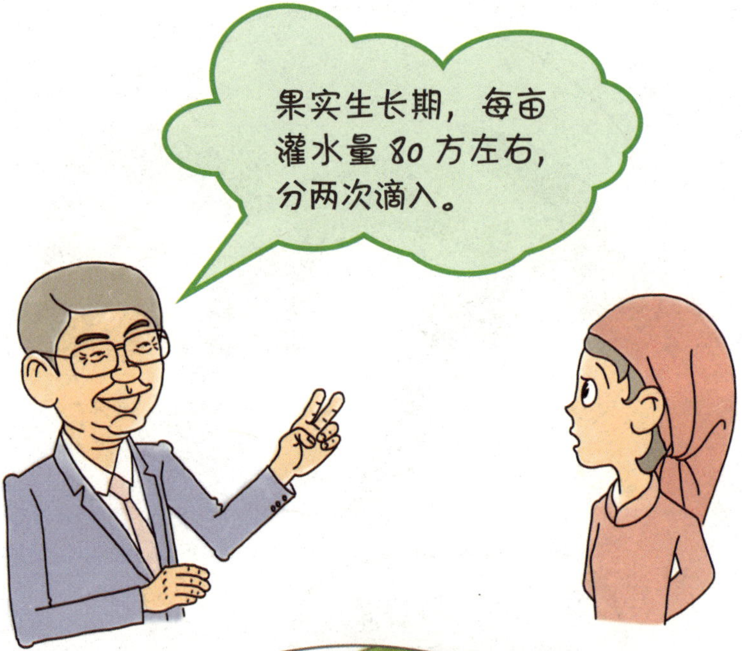
果实生长期，每亩
灌水量 80 方左右，
分两次滴入。

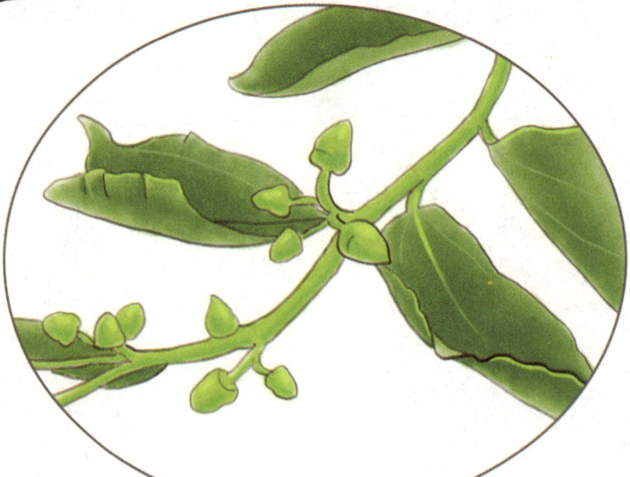

灌水管理

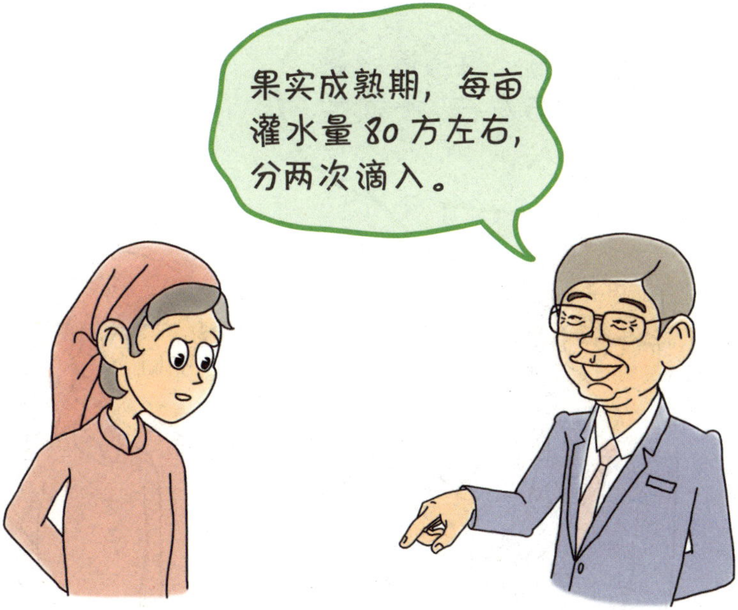
果实成熟期，每亩
灌水量80方左右，
分两次滴入。

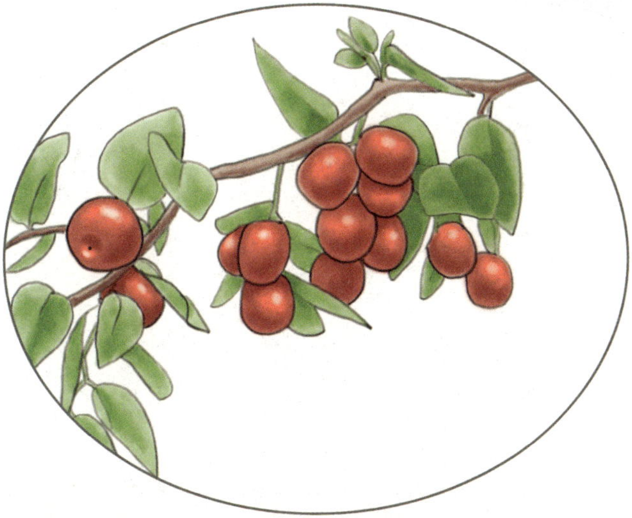

灌水管理

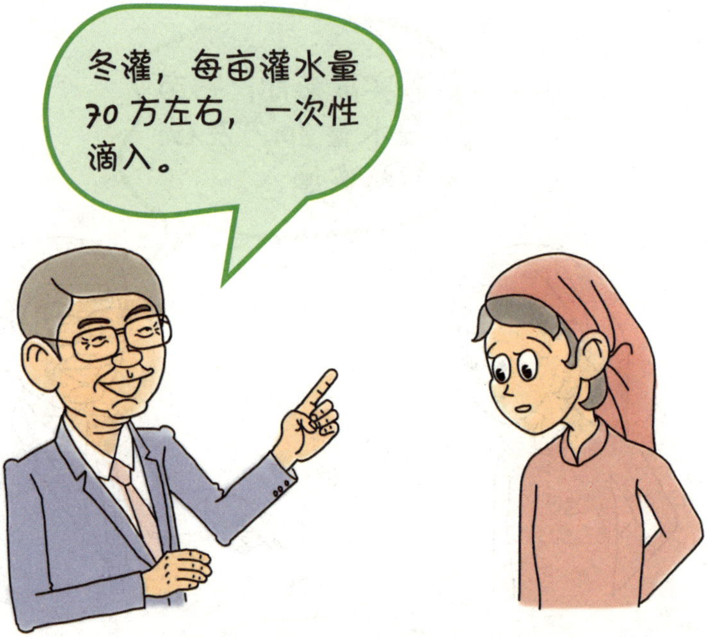
冬灌，每亩灌水量70方左右，一次性滴入。

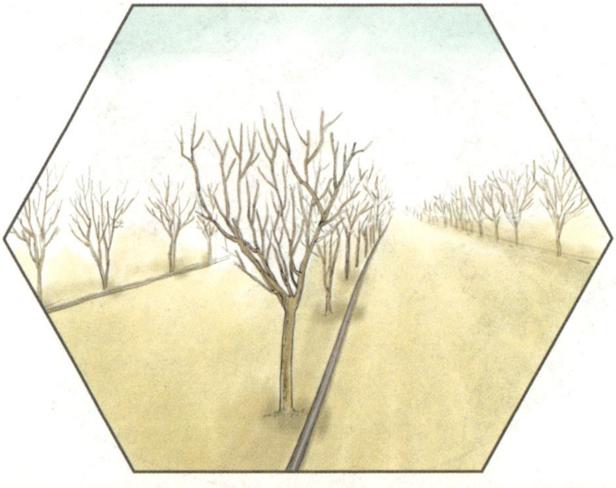

施肥管理

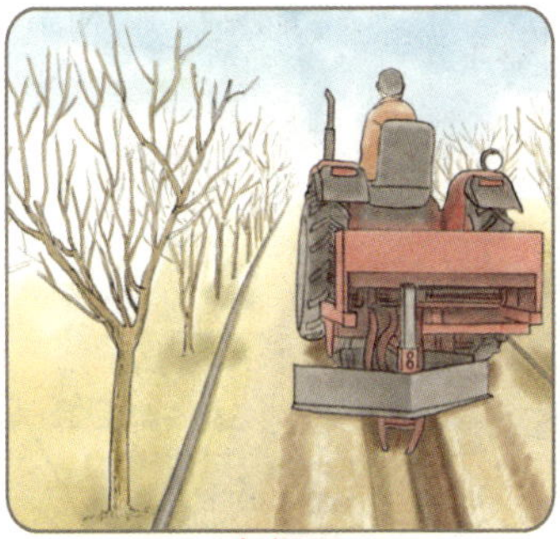

有机肥

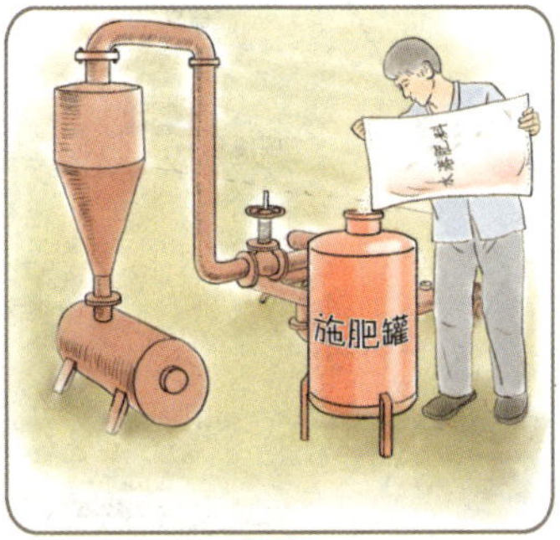
施肥罐

化肥

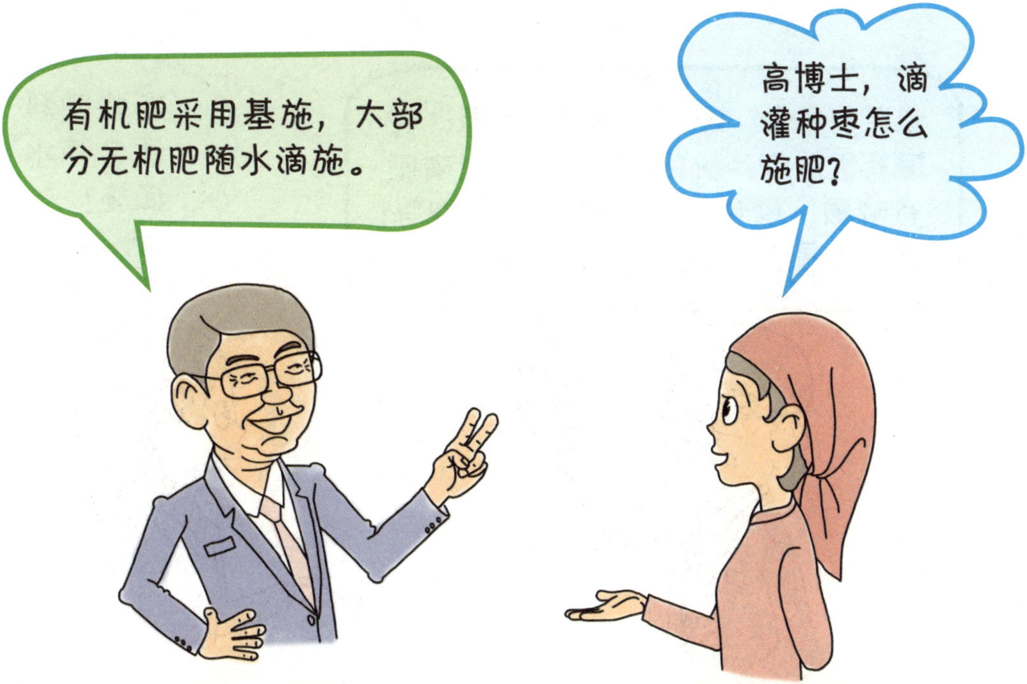
高博士，滴灌种枣怎么施肥？
有机肥采用基施，大部分无机肥随水滴施。

施肥管理

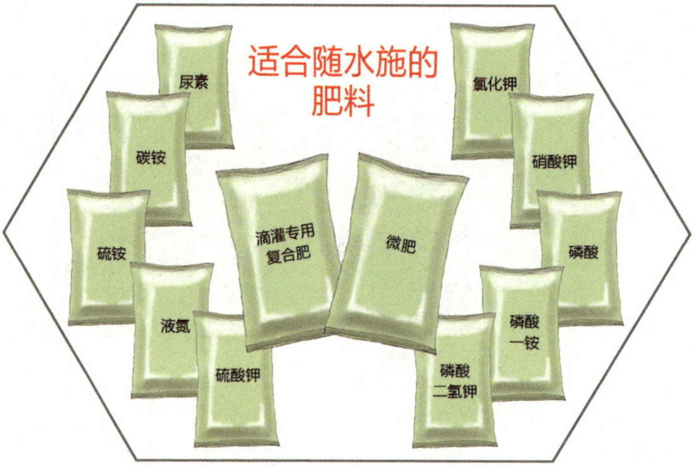
适合随水施的肥料
尿素
碳铵
硫铵
液氮
硫酸钾
滴灌专用复合肥
微肥
氯化钾
硝酸钾
磷酸
磷酸一铵
磷酸二氢钾

哪些肥料适合随水滴施？
氮肥有尿素、碳铵、硫铵、液氮，钾肥有硫酸钾、氯化钾、硝酸钾，磷肥有磷酸、磷酸一铵、磷酸二氢钾等；还有滴灌专用复合肥、微肥等。

亩产 1500 千克施肥表

（单位：千克）

亩产1500	基肥			追肥		
	农家肥	油渣	磷酸二铵	尿素	磷酸一铵	硫酸钾
	2000	50~60	10	50	20	50

施肥量要根据目标产量来定。按亩产 1500 千克算，基肥：农家肥 2000 千克、油渣 50 ~ 60 千克、磷酸二铵 10 千克；追肥：尿素 50 千克、磷酸一铵 20 千克、硫酸钾 50 千克。
一亩枣园需要施多少肥料？

施肥管理

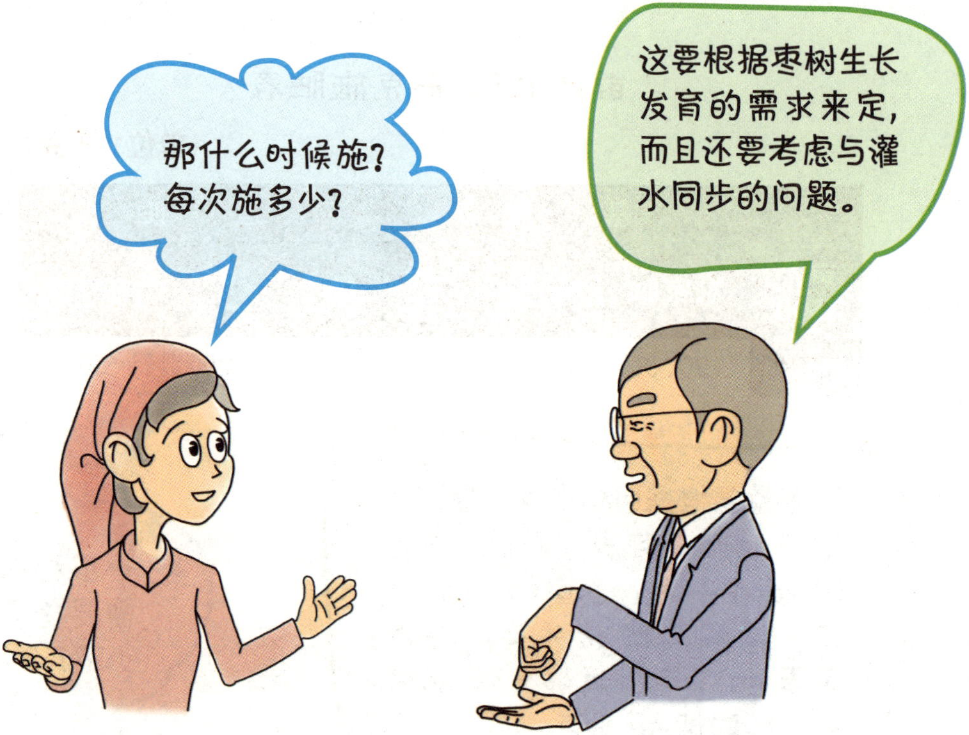
那什么时候施？
每次施多少？
这要根据枣树生长发育的需求来定，而且还要考虑与灌水同步的问题。

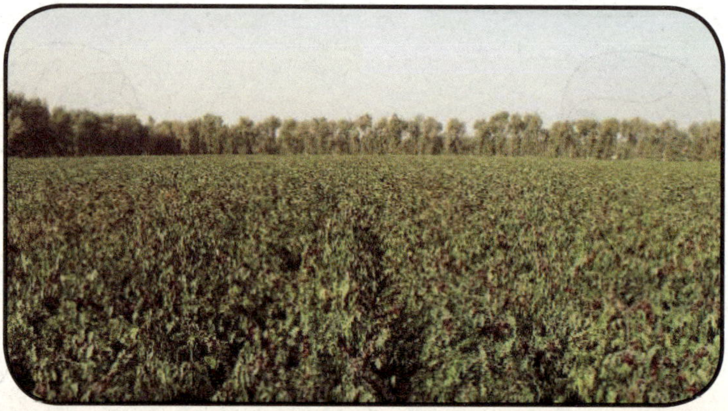

施肥管理

尿素
磷酸一铵
硫酸钾

展叶—新梢生长期，每亩施尿素20千克、磷酸一铵6千克、硫酸钾15千克，分两次随水滴入。

施肥管理

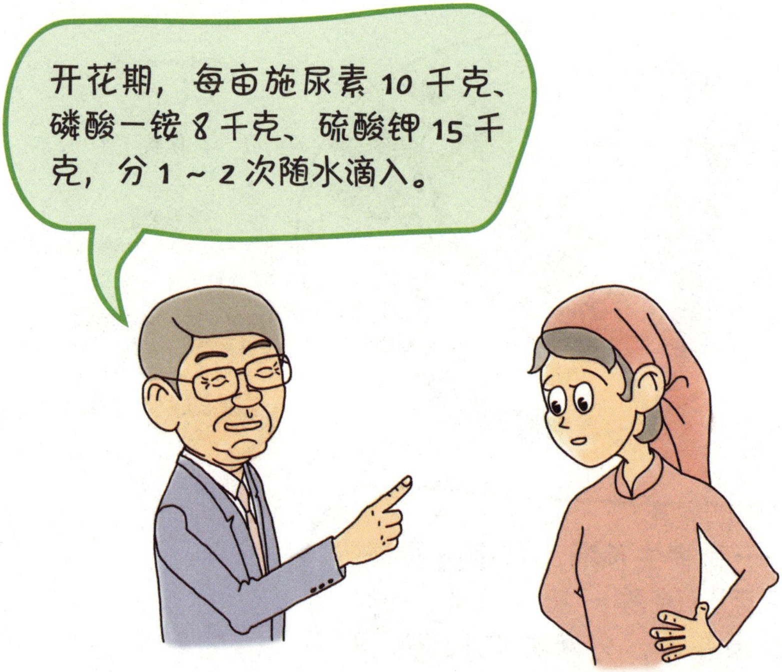
开花期，每亩施尿素 10 千克、磷酸一铵 8 千克、硫酸钾 15 千克，分 1 ~ 2 次随水滴入。

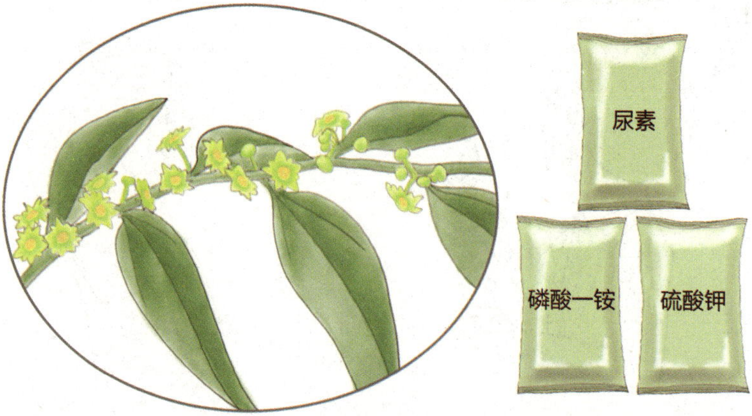
尿素
磷酸一铵
硫酸钾

施肥管理

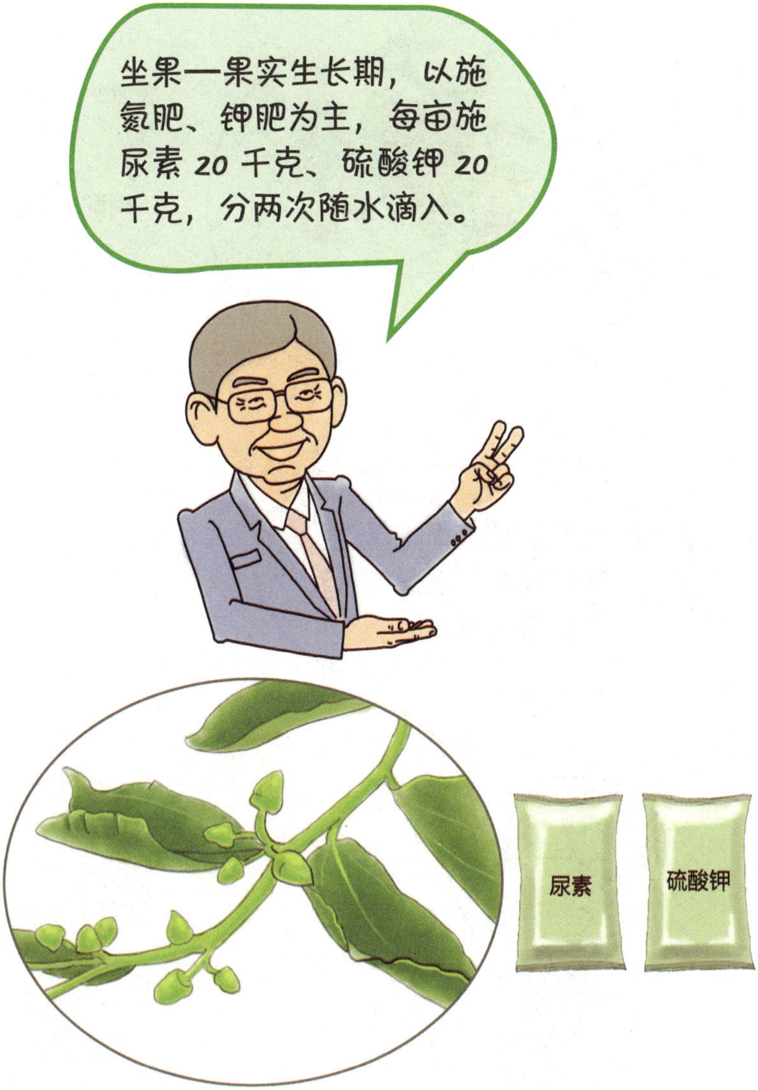
坐果—果实生长期，以施氮肥、钾肥为主，每亩施尿素 20 千克、硫酸钾 20 千克，分两次随水滴入。
尿素
硫酸钾

施肥管理

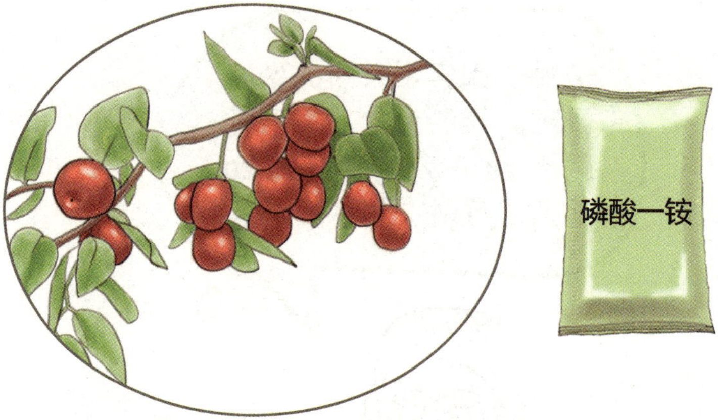
磷酸一铵

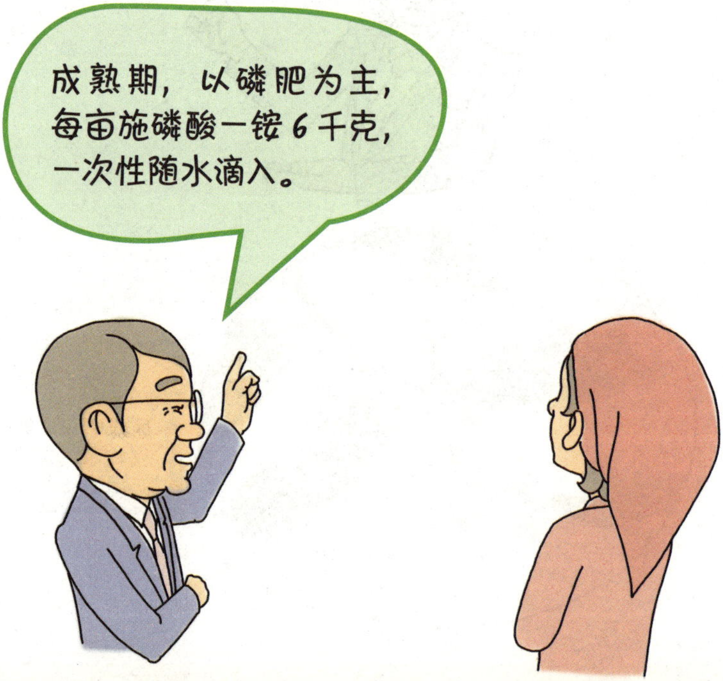
成熟期，以磷肥为主，
每亩施磷酸一铵 6 千克，
一次性随水滴入。

施肥操作

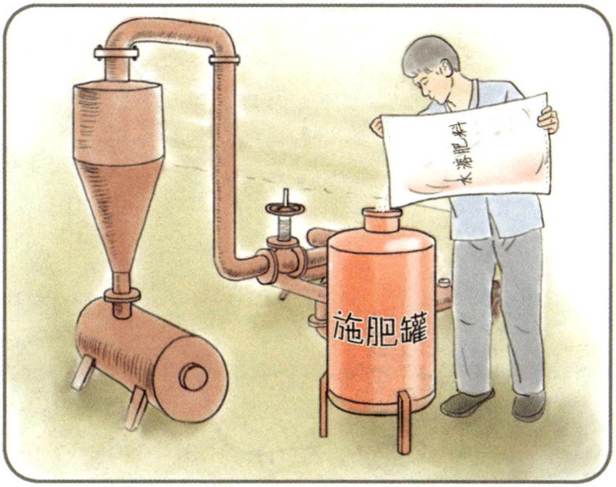
水溶肥料
施肥罐

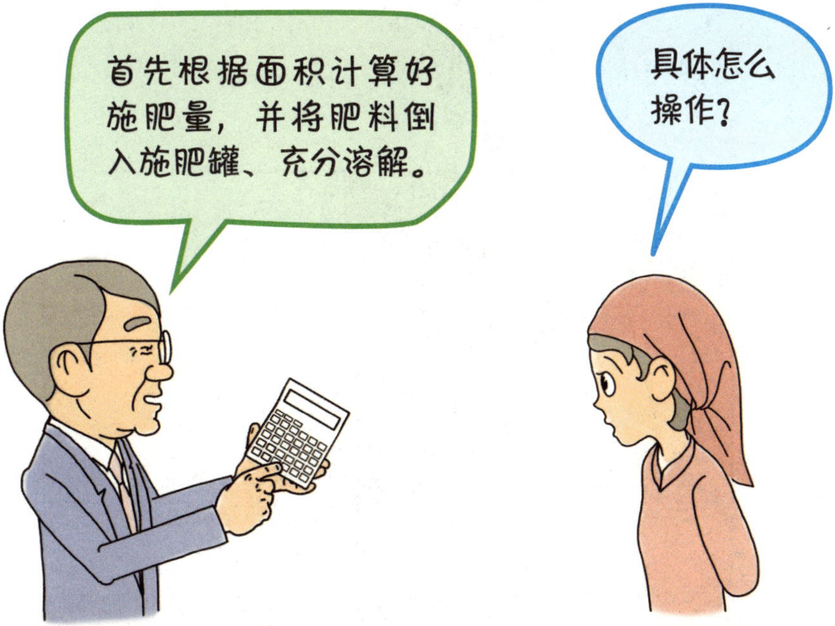
首先根据面积计算好施肥量，并将肥料倒入施肥罐、充分溶解。
具体怎么操作？

施肥操作

然后根据土壤情况确定打开施肥阀的时间。黏土地：滴水阀和施肥阀可以同时打开。沙（壤）土地：应先滴水 30 ~ 50 分钟，再打开施肥阀。

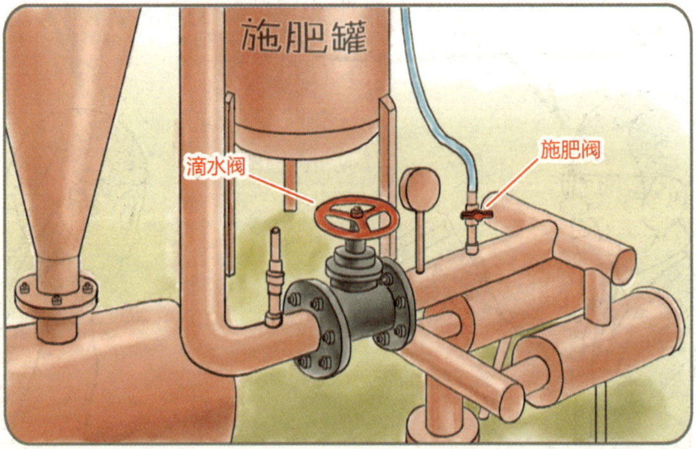
施肥罐
滴水阀
施肥阀

施肥操作

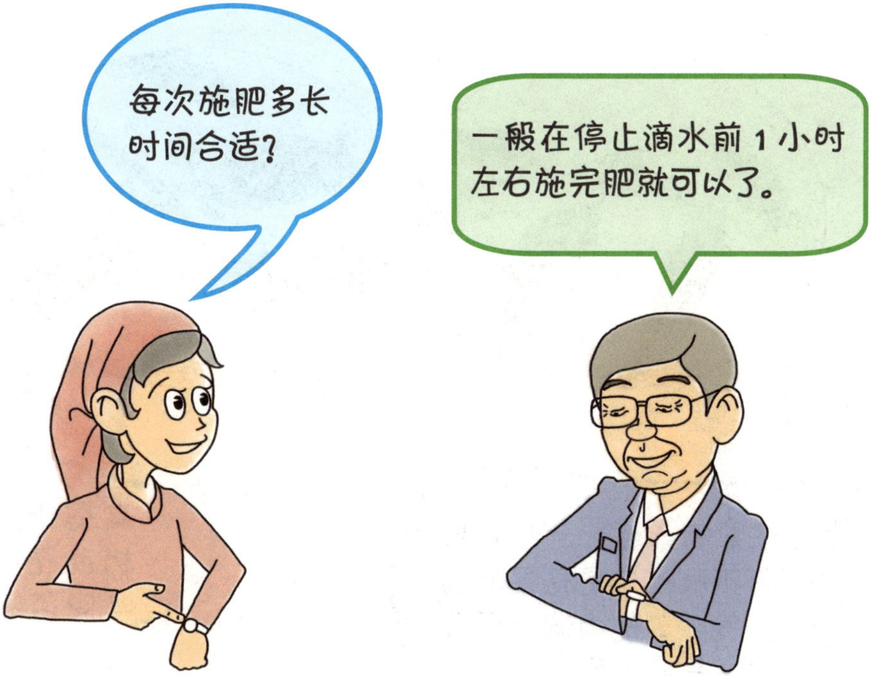
每次施肥多长时间合适？
一般在停止滴水前1小时左右施完肥就可以了。

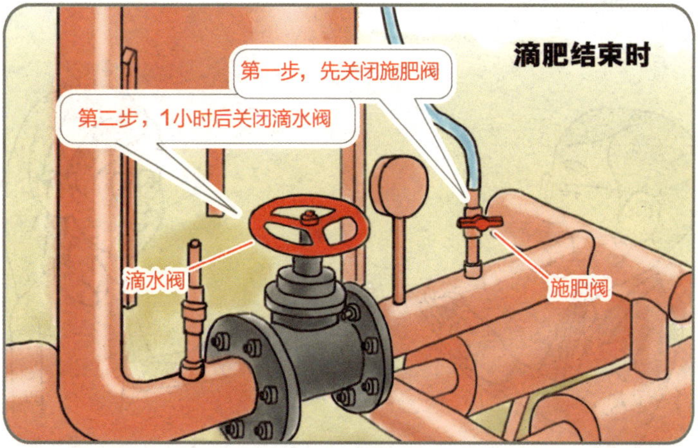
滴肥结束时
第一步，先关闭施肥阀
第二步，1小时后关闭滴水阀
滴水阀
施肥阀

花期调控

高博士，枣树的花果为啥脱落啊？
原因主要有三点。一是花果期营养不良；二是花果期遇恶劣天气；三是内源激素分泌失衡或是病虫危害。

花期调控

水肥调控　环割摘心　调节剂　辅助授粉

目前，生产中采取水肥调控、环割摘心、调节剂、辅助授粉等调控措施。
那有办法控制吗？

水肥调控

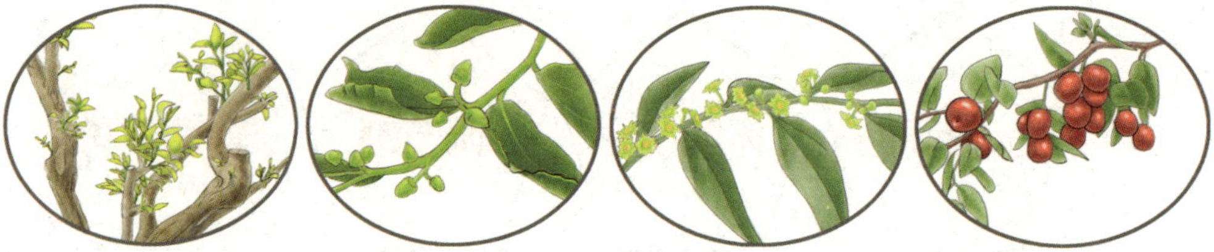

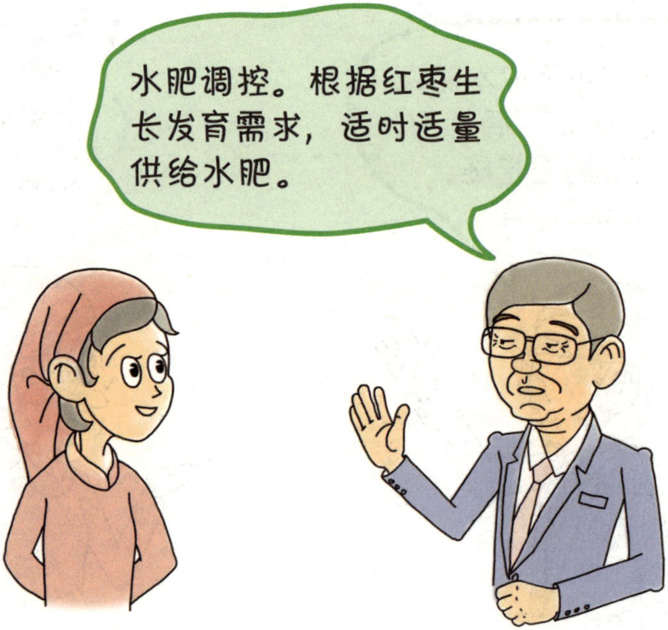
水肥调控。根据红枣生长发育需求，适时适量供给水肥。

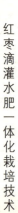

环割调控

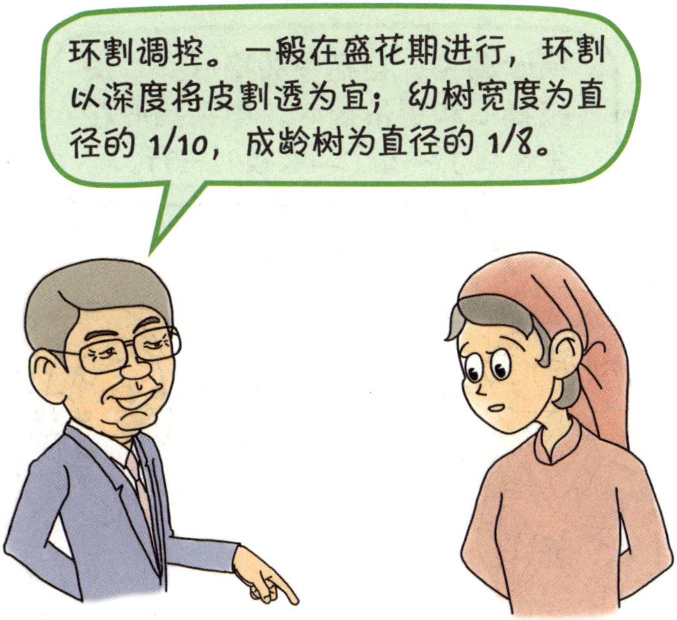
环割调控。一般在盛花期进行，环割以深度将皮割透为宜；幼树宽度为直径的 1/10，成龄树为直径的 1/8。

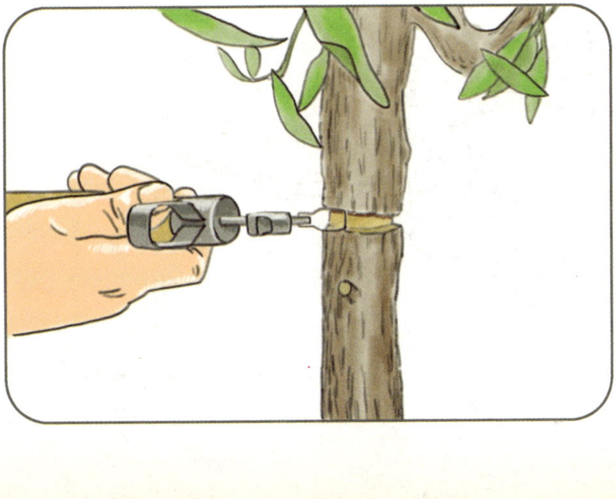

摘心调控

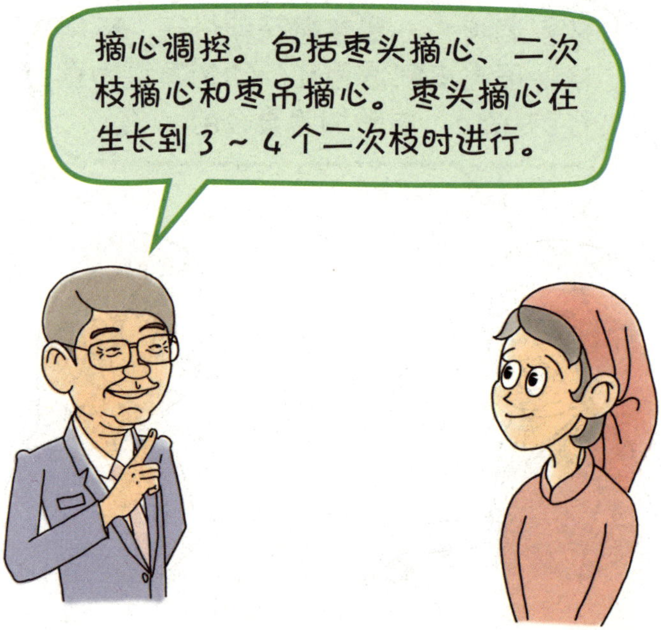
摘心调控。包括枣头摘心、二次枝摘心和枣吊摘心。枣头摘心在生长到3～4个二次枝时进行。

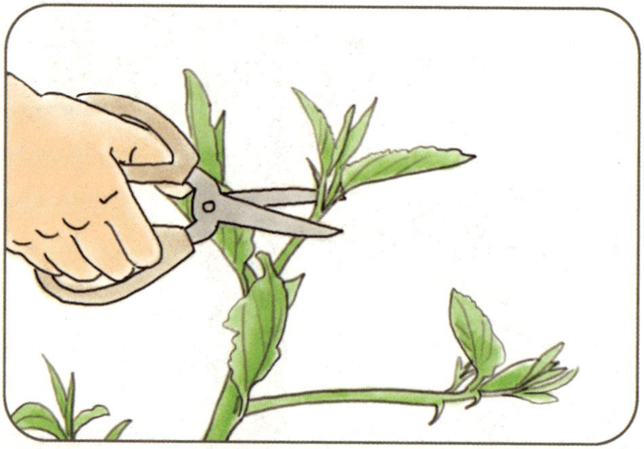

摘心调控

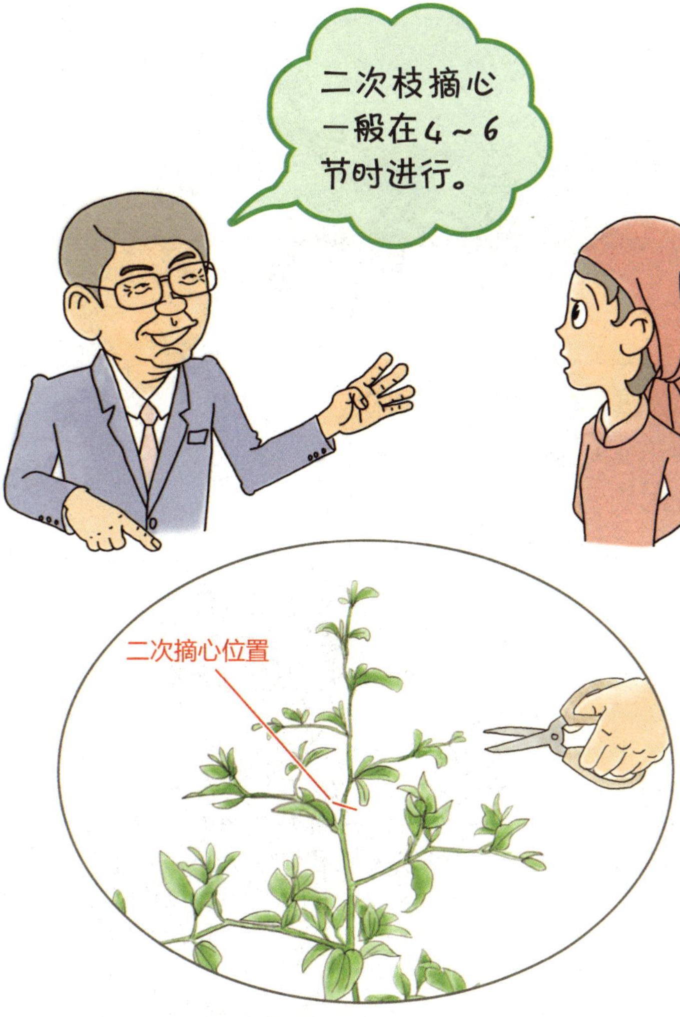
二次枝摘心一般在4～6节时进行。
二次摘心位置

摘心调控

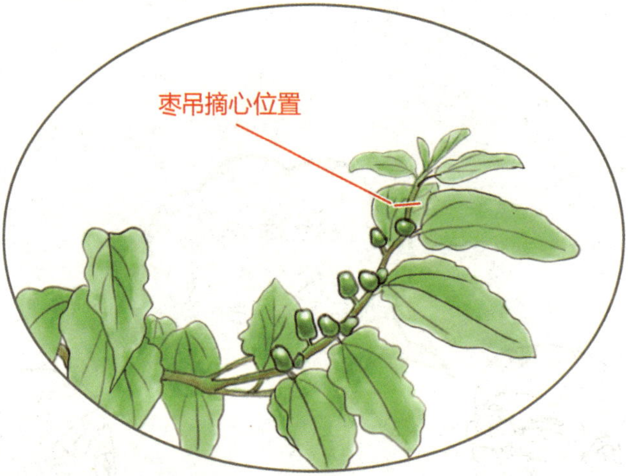
枣吊摘心位置

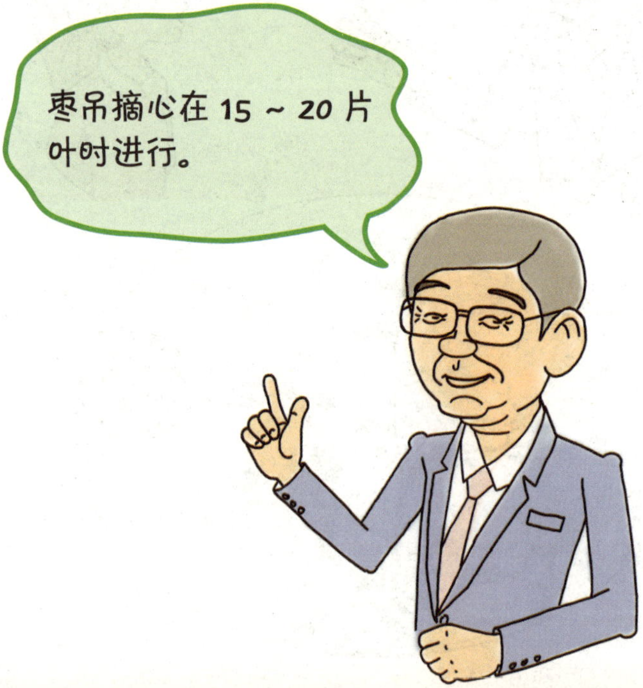
枣吊摘心在 15 ~ 20 片叶时进行。

辅助授粉

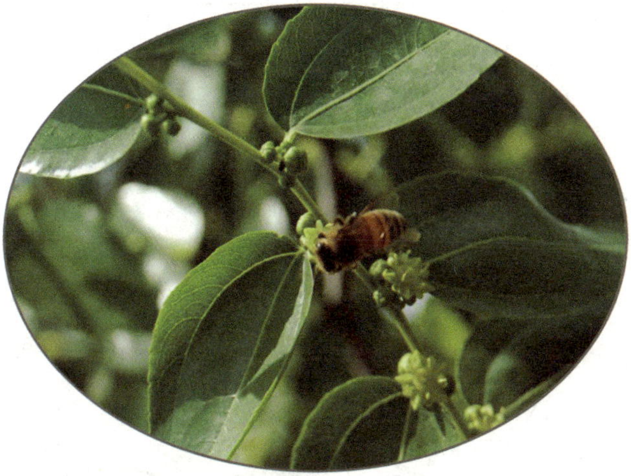

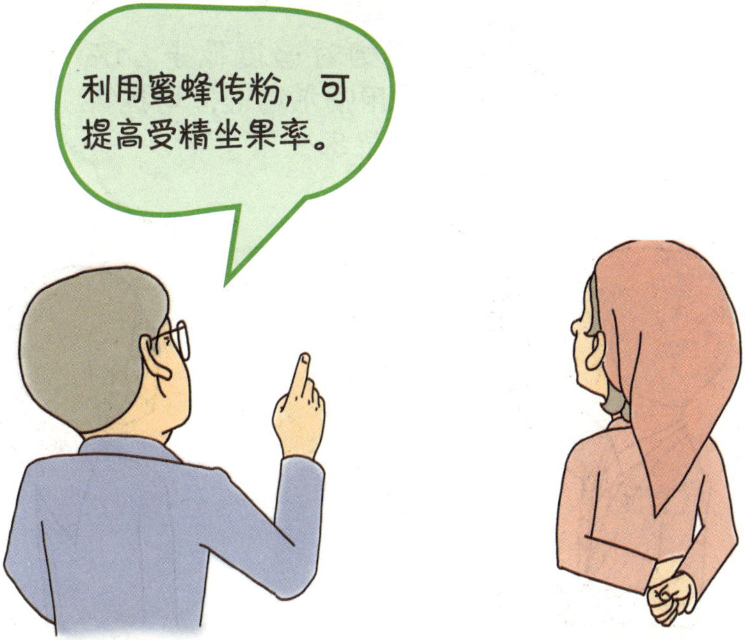
利用蜜蜂传粉，可提高受精坐果率。

喷水增湿

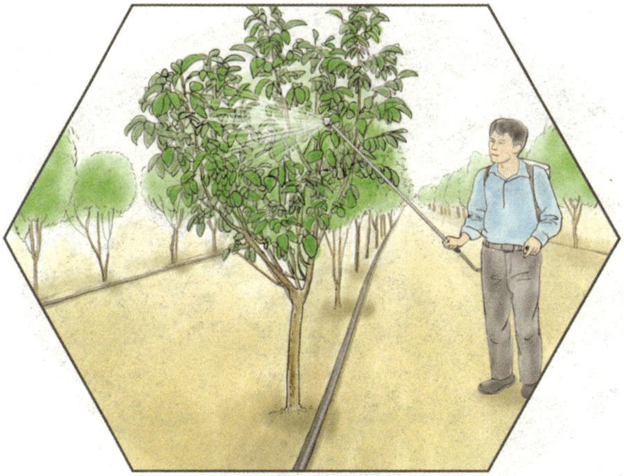

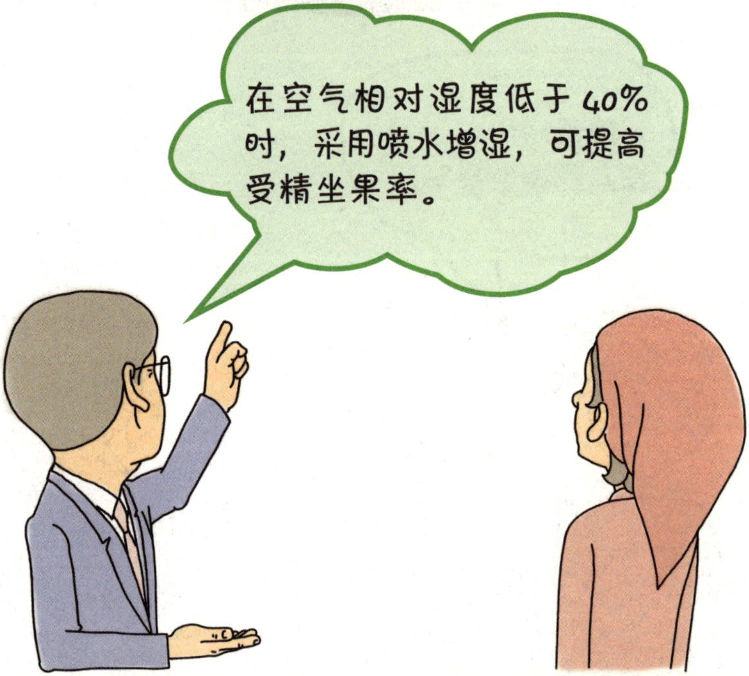
在空气相对湿度低于40%时，采用喷水增湿，可提高受精坐果率。

生化调节

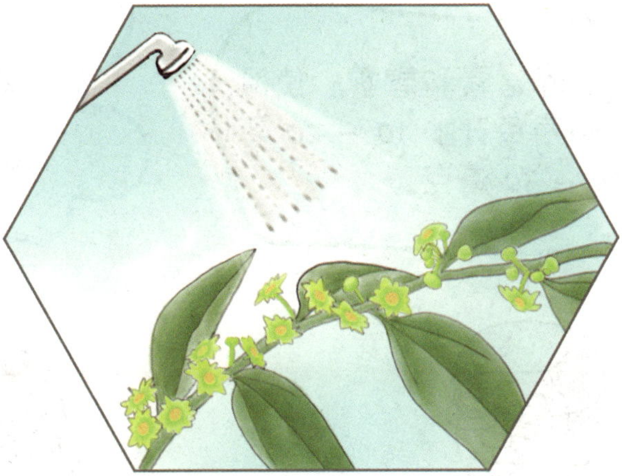

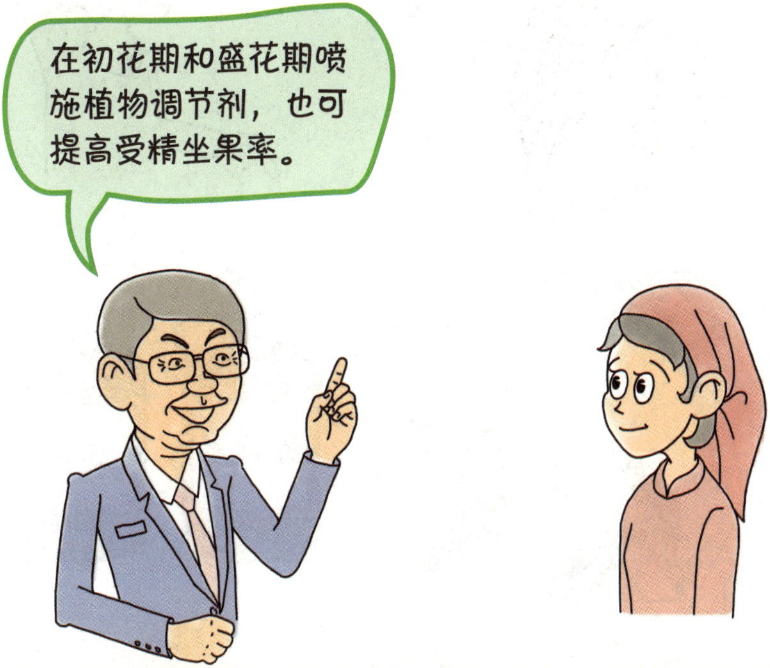
在初花期和盛花期喷施植物调节剂，也可提高受精坐果率。

生化调节

高博士，植物调节剂都有哪些？用量多少？
常用的有赤霉素和碧护，使用浓度分别为每升水 10 ~ 20 毫克和 20 ~ 30 毫克。

赤霉素
碧护

双吉尔

还有一种新型枣树专用调节剂叫双吉尔，保花、保果效果好。

病虫害防治

高博士，枣树发现有枣瘿蚊，怎么防治？
用 20% 甲氰菊酯 2000 倍液或 240 克 / 升螺虫乙酯、70% 吡虫啉混剂喷雾，每 10 天 1 次，连续 2 ~ 3 次。

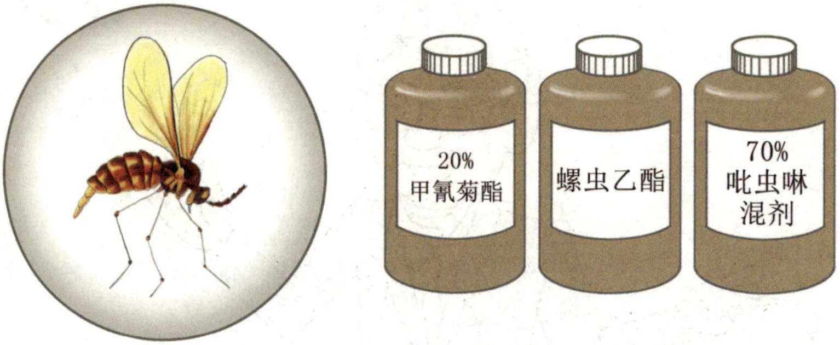
20%
甲氰菊酯
螺虫乙酯
70%
吡虫啉
混剂

枣尺蠖怎么防治？
幼稚虫体长 4～10 毫米时，用 2.5% 溴氰菊酯或杀灭菊酯 4000 倍液，或 25% 西维因 300 倍液喷雾。

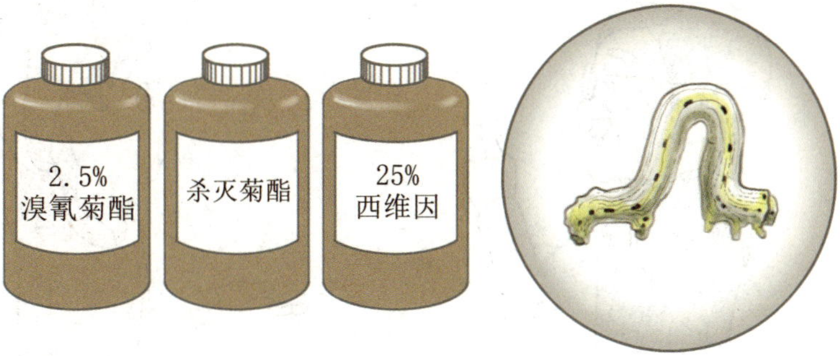
2.5%
溴氰菊酯
杀灭菊酯
25%
西维因

病虫害防治

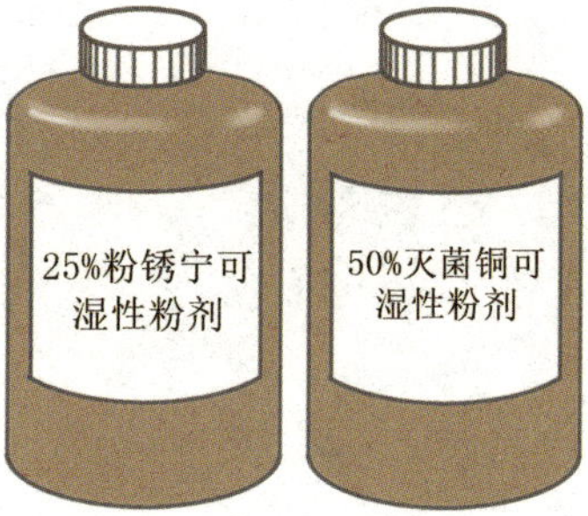
25%粉锈宁可湿性粉剂
50%灭菌铜可湿性粉剂

高博士，病害怎么防治？
锈病防治。用25%粉锈宁可湿性粉剂1000～1500倍液，或50%灭菌铜可湿性粉剂400～600倍液喷雾，连用2～3次，间隔时间为2周。

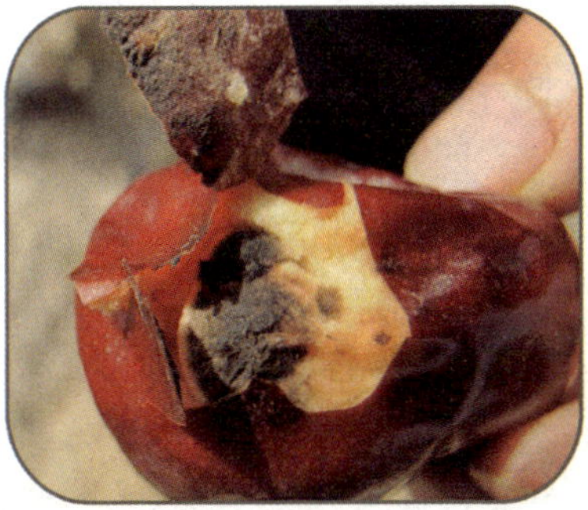

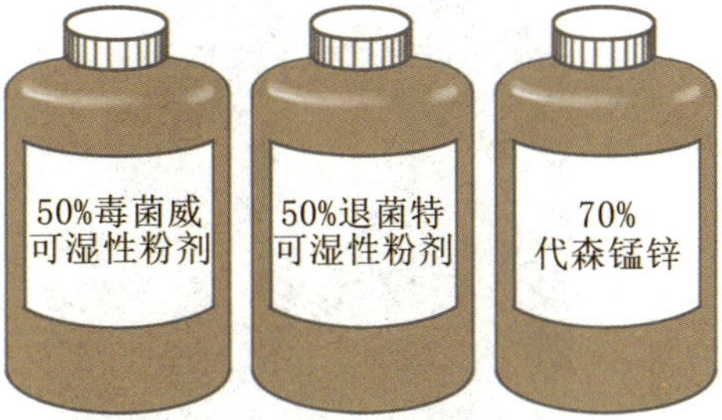
50%毒菌威
可湿性粉剂
50%退菌特
可湿性粉剂
70%
代森锰锌

黑腐病防治方法：用 50% 毒菌威可湿性粉剂 800 ~ 1000 倍液，或 50% 退菌特可湿性粉剂 600 ~ 800 倍液、70% 代森锰锌喷施。

病虫害防治

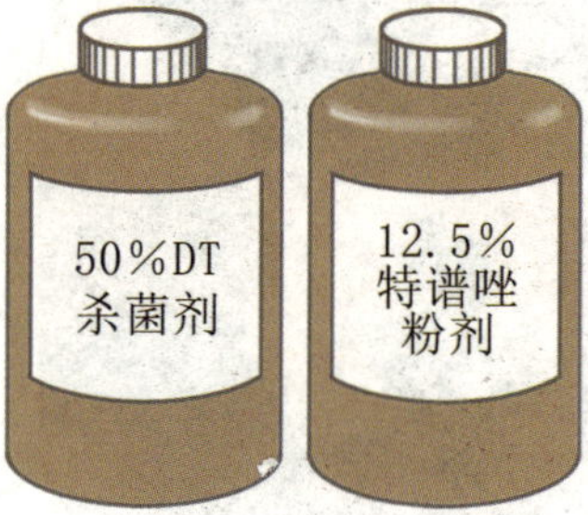
50%DT
杀菌剂
12.5%
特谱唑
粉剂

缩果病防治方法：在枣果发病前后，用50%的DT杀菌剂500倍液，或12.5%的特谱唑粉剂3000倍液，每隔7～10天喷1次，连喷3～4次。